BEI GRIN MACHT SICH IHR WISSEN BEZAHLT

- Wir veröffentlichen Ihre Hausarbeit,
  Bachelor- und Masterarbeit

- Ihr eigenes eBook und Buch -
  weltweit in allen wichtigen Shops

- Verdienen Sie an jedem Verkauf

Jetzt bei www.GRIN.com hochladen
und kostenlos publizieren

Tashina Werner

Entstehung des Evolutionsgedankens

Geschichtlicher Rückbllick

GRIN Verlag

Impressum:

Copyright © 2010 GRIN Verlag, Open Publishing GmbH
Druck und Bindung: Books on Demand GmbH, Norderstedt Germany
ISBN: 978-3-640-81217-2

Dieses Buch bei GRIN:

http://www.grin.com/de/e-book/165288/entstehung-des-evolutionsgedankens

Die Entstehung des Evolutionsgedankens
-Historischer Rückblick-

Inhaltsverzeichnis

A. Was ist Evolution

Das Wort Evolution stammt von dem lateinischen Wort „evolvere", was soviel bedeutet wie „sich entwickeln". Evolution kann folglich also als die Entwicklung von allen Lebewesen gesehen werden.

Die Frage nach dem Leben beschäftigt die Menschen schon sehr lange. So waren es anfangs nicht nachweisbare, aus heutiger Sicht abstruse Mythen, die den Menschen halfen ihre Existenz zu erklären. In der heutigen Zeit dagegen, kann man durch die Forschungen zahlreicher Wissenschaftler eine ziemlich genaue und größtenteils belegbare Aussage zur Entwicklung der Lebewesen machen. Diese Seminararbeit soll einen historischen Rückblick von den anfänglichen Schöpfungsmythen, bis hin zur Entstehung des modernen Evolutionsgedankens geben.

B. Die Geschichte der Evolutionstheorie

I. Schöpfungsmythen

Seit Anbeginn der Zeiten machen sich die Menschen Gedanken über die Entstehung des Lebens. So entstanden schon sehr früh zahlreiche, vom jeweiligen Zeitalter und Kulturkreis abhängige Schöpfungsmythen. In diesen entstehen die Lebewesen nicht auf natürliche Weise, sondern werden meist durch einen einmaligen Schöpfungsakt, der von übernatürlichen Kräften oder von Göttern vollzogen wird, erschaffen.

1. Finno-ugrische Völker

Es gibt aber auch einige außergewöhnlichere Überzeugungen zur Entstehung des Lebens. Ein Beispiel dafür ist der Schöpfungsmythos der finno-ugrischen Völker. Sie gingen davon aus, dass es früher nur ein endloses Meer und den Himmel gab. Im Himmel lebte Luonnatar, die Göttin der Lüfte. Als diese nach siebenhundert Jahren Einsamkeit ihren Gefühlen Ausdruck verleiht entsteht aus ihren Worten ein weißer Vogel. Dieser legt zwei Eier auf Luonnatars Knie, weil er diese für Land hält. Die Eier fallen allerdings ins Meer, wo sie zerbrechen. Aus den Eierschalen entstehen Erde und

Himmel, das Eidotter wird zur Sonne, das Eiweiß bildet Sonne, Mond, Sternen und Wolken. Luonnatar beginnt darauf hin aus dem entstandenen Land eine Welt zu formen mit all ihren Lebewesen und dem Menschen.[1]

2. Biblische Schöpfungsgeschichte

Die bis heute am weitesten verbreitete Religion ist das Christentum. Damit verbunden ist der biblische Schöpfungsbericht, der für die Menschen bis ins 19. Jahrhundert eine enorme Wichtigkeit besaß. Die Grundlage dafür war die Bibel, die vor allem bis Anfang des 15. Jahrhunderts eine unumstößliche Wirklichkeit darstellte. Es herrschte die Überzeugung, dass alleine der allmächtige Gott die ganze Welt, die Tiere und Menschen nur durch seine Worte geschaffen hatte. So glaubte man, dass die Lebewesen sich nicht langsam entwickelt haben, sondern jedes Tier und auch der Mensch seit der Entstehung der Erde existierten. Diese Überzeugung lässt sich auch auf die meisten anderen großen Religionen wie den Islam oder das Judentum übertragen und entspricht der Theorie der Artenkonstanz, die beinhaltet das alle Lebewesen zur selben Zeit geschaffen wurden und sich seither nicht verändert haben.[2]

II. Antike

Bereits in der Antike, insbesondere bei den griechischen Philosophen, kann man Schriften finden die sich ansatzweise mit dem Evolutionsgedanken beschäftigen.
So gibt es eine Überlieferung von Anaximander (611 bis 564 v. Chr.) in der er beschreibt: „Die Tiere sind aus dem Feuchten, das unter der Einwirkung der Sonne verdunstet, hervorgegangen. (…) Die Ahnen des Menschen sind aus Fischen entstanden und vom Meer auf das Land gestiegen.“[3] Damit führte er die Idee von Thales von Milet fort, der als einer der Ersten der Auffassung war, dass der Ursprung des Lebens das Wasser war.

---

1 vgl. http://www.philognosie.net/index.php/article/articleview/295/
2 vgl. E. Mayr, Das ist Evolution, S. 19 f.
    http://www.bibel-online.net/buch/01.1-mose/1.html
3 vgl P. Hoff u. a., Evolution, S. 8

Auch bei Aristoteles (384 bis 322 v. Chr.) sind erste Ansätze, die sich auch in der modernen Evolutionstheorie wieder finden zu erkennen. Er entwickelte die Ideenlehre seines Lehrers Platon weiter. Aristoteles hat die Vorstellung, dass die Natur aus Ideen gebildet wird. Aus diesem Gedanken heraus entwickelte er einen Stufenaufbau der Natur. Aristoteles unterscheidet hierbei vier Stufen, die nach dem Grad der Ideenverwirklichung geordnet sind.

Die unterste Stufe bilden die unbeseelten, unbelebten Dinge. Danach folgen die belebten Dinge, die Pflanzen die im Vergleich zu den belebten Dingen fast beseelt wirken, allerdings im Verhältnis zu den belebten und empfindenden Dingen, den Tieren, doch unbeseelt sind. Die höchste Stufe bildet der Mensch der belebt, empfindend, und beseelt ist.

Dieser Stufenaufbau basiert auf dem Prinzip des Endzweckes. Dieses Prinzip besagt, dass die Natur nach immer größerer Perfektion strebt und sich daher immer weiter entwickelt. Der Mensch ist demnach das Lebewesen, das diese Idee am ehesten verwirklicht. Des Weiteren besagt das Prinzip, dass Lebewesen, die zur Perfektionierung beitragen bestehen bleiben, jene die nicht geeignet sind, allerdings aussterben. Diese Auffassung nimmt den Gedanken der Auslese der auch in der modernen Evolutionstheorie geschildert wird vorweg.[4]

III. Mittelalter

Das Leben im Mittelalter wurde stark von der Kirche beherrscht. Die Menschen lebten nach den Wertevorstellungen der Bibel und diejenigen, die gegen die Kirche rebellierten mussten mit hohen Strafen, bis hin zum Tod rechnen. Daher kam es auch zu einer Stagnation in der Wissenschaft. Besonders im Bereich der Evolutionstheorie versuchte die Kirche jegliche Forschung zu unterbinden, da der biblische Schöpfungsbericht als die einzige Wahrheit galt und auch so von der Kirche proklamiert wurde. Jede neue Erkenntnis über die Entstehung der Erde, die nicht mit der Bibel übereinstimmte wäre somit eine enorme Schwächung der Kirche gewesen.

---

4 vgl. R. Kleinert u. a., Biologie Oberstufe Evolution, S. 31
    W. Nestle, Aristoteles Hauptwerke, S. 382 f.
    W. Kleesattel, Evolution, S.20

IV. Beginn der modernen Naturwissenschaften

1. Neue wissenschaftliche Erkenntnisse

Im 15. Jahrhundert nimmt der Einfluss der Kirche stark ab und die Wissenschaft spielt eine immer größere Rolle. So wird 1450 der moderne Buchdruck erfunden und das vorhandene Wissen kann schnell und vor allem jedem zugänglich gemacht werden. Auch der Schiffbau, genauso wie die Technik im allgemeinem machen große Fortschritte, so können Nachrichten aus fremden Ländern schneller übermittelt werden und das Weltbild der Menschen erweitert sich durch die Entdeckung von Amerika.

Des Weiteren werden im Bereich der Astronomie neue, bedeutende Erkenntnisse gewonnen. Nikolous Kopernikus stellte 1543 erstmals die These auf das die Sonne der Mittelpunkt des Universums sei und nicht wie bisher angenommen die Erde. Diese Theorie des heliozentrischen Weltensystems wird von Galileo Galilei noch durch exakte Messungen und Beobachtungen untermauert, was dazu führt das die Menschen immer mehr davon abrücken die Bibel wörtlich zu nehmen, in der die Erde als Mittelpunkt beschrieben wird.

2. Leonardo da Vinci

Einer der bedeutendsten Wissenschaftler dieser Zeit war Leonardo da Vinci. Er stellte in fast allen Bereichen der Wissenschaft Forschungen an. So seziert er beispielsweise Leichen, was in dieser Zeit von der Kirche auf das schärfste Verboten war. Er untersucht so die Anatomie der Menschen. In einer seiner bedeutenden Zeichnungen vergleicht da Vinci die Gliedmaßen eines Pferdes mit den Menschlichen. Leonardo da Vinci geht davon aus, dass beide dieselben Grundbaupläne gehabt haben müssen. Seine detaillierten Zeichnungen zeigen auch, dass nun gezielt geforscht wird und die Sachverhalte überprüft werden, nicht wie früher als man alten Schriften, ohne diese

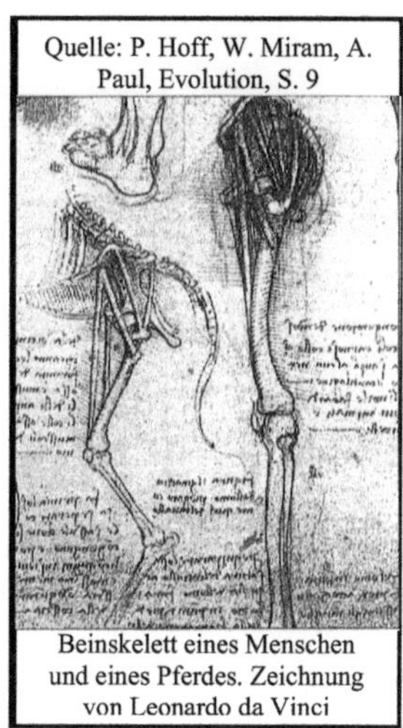

Quelle: P. Hoff, W. Miram, A. Paul, Evolution, S. 9

Beinskelett eines Menschen und eines Pferdes. Zeichnung von Leonardo da Vinci

selbst kontrolliert zu haben vertraute. Allerdings glaubt man weiterhin an die

Schöpfungsgeschichte und die Lehre von der Konstanz der Arten. Dieses Gesetzt besagt, dass alle Arten in einem Schöpfungsakt erschaffen worden sind.[5]

V. Das 18. Jahrhundert

Im 18. Jahrhundert gewinnt die Natur bei den Wissenschaftlern immer mehr an Bedeutung. Es werden vermehrt Expeditionen unternommen und fremde Tier- und Pflanzenarten erforscht.

1. Erasmus Darwin

Erasmus Darwin (1731-1802) stellte zahlreiche Forschungen im Bereich der Entwicklung von Organismen an. Er war einer der ersten der davon ausging, dass sich alle Lebewesen aus einem gemeinsamen Vorfahren entwickelt haben. Durch die Entdeckung von Fossilien ging Darwin davon aus, dass der Ursprung aller Lebewesen mikroskopisch kleine Muscheln sein. Sein Werk „Zoonomia" wurde vom Vatikan auf den Index gestellt und die Verbreitung verboten.[6]

2. Carl von Linné

Der schwedische Arzt Carl von Linné(1707–1778) schuf die Grundlage der modernen Nomenklatur. Er klassifizierte als erster die Tier und Pflanzenarten. In seinem System müssen alle Namen zweiteilig sein. So setzt sich die Bezeichnung eines Lebewesens aus dem Namen der Gattung und einer Ergänzung zusammen. Jede Kombination darf nur einmal vorkommen und ist in der Regel aus der griechischen oder lateinischen Sprache entnommen. So entstand zum Beispiel auch die Bezeichnung homo sapiens. Linné ebnete damit den Weg für die Entwicklung der Evolutionstheorie, da man erstmals die ungeheure Artenvielfalt erfassen und in Gruppen unterteilen konnte, allerdings vertritt er noch immer die religiöse Theorie der Artenkonstanz.[7]

---

[5] vgl. P. Hoff u. a., Evolution, S. 8
[6] vgl. http://de.wikipedia.org/wiki/Erasmus_Darwin#Naturwissenschaften
[7] vgl. M. Offenberger, Von Nautilus und Sapiens, S. 20 f.
    R. Kleinert u. a., Biologie Oberstufe Evolution, S. 32
    P. Hoff u. a., Evolution, S. 10

3. Georges Cuvier

Georges Cuvier (1769–1832) beschäftigt sich als einer der ersten Wissenschaftler genauer mit Fossilien. Er ist somit der Urvater der Paläontologie. Cuvier vergleicht mit

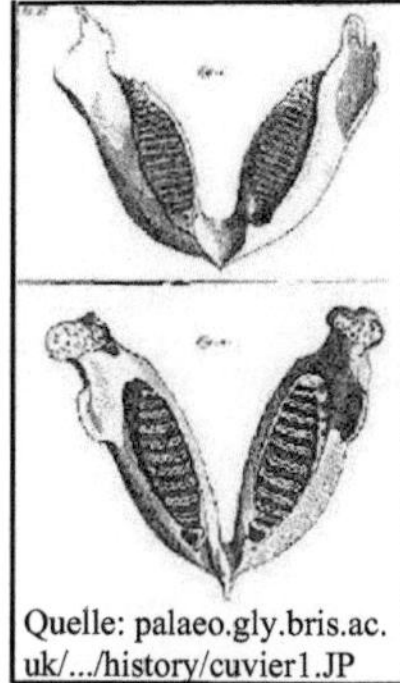

Quelle: palaeo.gly.bris.ac. uk/.../history/cuvier1.JP

Hilfe der Rekonstruktionstechnik fossile und noch existierende Tiere hinsichtlich ihres Knochenbaus und stellt dort Ähnlichkeiten fest. Beispielsweise verglich er den Kiefer eines indischen Elefanten mit dem fossilen Kiefer eines Mammuts. Beide waren nahezu identisch (siehe Bild).

Allerdings glaubt er trotz allem weiterhin an die Konstanz der Arten und entwickelt auf deren Grundlage die Katastrophentheorie. In dieser beschreibt er, dass zwar „die vorhandenen Racen nicht Abänderungen von jenen alten Racen seyn, welche man im fossilen Zustande findet"[8], die Arten jedoch durch Naturkatastrophen, wie zum Beispiel Meteoriteneinschläge oder Vulkanausbrüche aussterben könnten.[9]

Des Weiteren untergliedert Cuvier alle Tiere in vier Hauptgruppen in Weichtiere, Gliedertiere, Radiata, die vergleichbar mit der heutigen Gruppe der Reptilien sind und in Wirbeltiere. Diese Einteilung war die Grundlage für die moderne Systematik.[10]

VI. Das 19. Jahrhundert

1. Charles Lyell

Charles Lyell (1797–1875) war ein britischer Geologe. Er glaubte weder an die Katastrophentheorie von Cuvier noch an die Konstanz der Arten, daher entwickelte er das Kontinuitätsprinzip und das Aktualitätsprinzip.

Das Kontinuitätsprinzip besagt, dass geologische Erscheinungen nicht plötzlich geschehen, sondern kontinuierlich und im Laufe der Zeit Veränderungen auftreten.

---

[8] Cuvier 1830, aus DIFF 1986, S. 130
[9] vgl. W. Kleesattel, Evolution, S.20
[10] vgl. http://de.wikipedia.org/wiki/Geschichte_der_Evolutionstheorie

Mit dem Aktualitätsprinzip kann man Vorgänge, die bereits in der Vergangenheit abgelaufen sind erklären, da diese in der Gegenwart genauso ablaufen wie in der Vergangenheit.

Diese Theorien bezog er vorerst nur auf geologische Erscheinungen.

2. Jean Baptiste de Lamarck

Jean-Baptiste de Lamarck (1744–1829) war einer der ersten Wissenschaftler, der sich ganz von dem kirchlichen Schöpfungsbericht abwendete. Er zweifelte genau wie Lyell an der Theorie der Artenkonstanz. Daher übertrug er das Kontinuitätsprinzip von Lyell, das dieser bis dato nur auf die Geologie bezogen hatte auf die Biologie. Dies bedeutet, dass sich die verschiedenen Arten langsam und in kleinen Schritten verändern und nicht wie bisher angenommen seit Anbeginn der Zeiten gleich bleiben.

Er ging davon aus das sich die Tiere an die sich mit der Zeit verändernden Umweltbedingungen anpassen. Die Organe die ein Tier benötigt entwickeln sich weiter, wird ein Organ allerdings nicht verwendet verschlechtert sich dieses, bis es letztendlich verschwunden ist. Diese Entwicklung wird auch an die Nachkommen vererbt, sodass diese bessere Überlebenschancen haben. Lamarck war der Überzeugung, je vollkommener eine Art ist, desto länger dauert die Evolution.

Ein weiterer Aspekt in seiner Forschungsarbeit war die Annahme, dass die Arten nicht aussterben können. Jede Rasse hatte demnach, seiner Meinung nach, den Ursprung mit der Entstehung der Lebewesen und entwickelte sich immer weiter, bis hin zu der Form in der es heute lebt. All diese Erkenntnisse veröffentlichte Lamarck 1809 in seinem Werk „Philosophie zoologique".[11]

3. Alfred Russel Wallace

Alfred Russel Wallace (1823-1913) unternahm viele Reisen nach Südamerika und Asien und erforschte dort die verschiedenen Tier und Pflanzenarten. Er vertritt schon sehr früh die Auffassung, dass sich die Arten weiterentwickeln.

---

[11] vgl. R. Kleinert u. a., Biologie Oberstufe Evolution, S. 34 f.
    P. Hoff u. a., Evolution, S. 11

Allerdings machte er sich Gedanken darüber, warum manche Tiere und Menschen sterben, und manche leben. Wallace stellte daher in diesem Bereich zahlreiche Studien an. Diese zeigten das die Tiere die am schlausten, am schnellsten und am stärksten waren überleben, da diese ihren Jägern besser entkommen konnten und bei Nahrungsknappheit am ehesten Nahrung fanden.

Daraus entwickelte er eine Theorie. Er ging davon aus das sich eine Rasse ständig verbessert, weil folglich nur die Stärksten überleben und sich fortpflanzen können. Auf diesem Weg findet eine natürliche Selektion statt.

Wallace hatte während seinen Forschungen ständig Kontakt zu Charles Darwin, mit dem er sich immer über seine neusten Erkenntnisse austauschte.[12]

4. Charles Darwin

Auch Charles Darwin (1809–1882) unternahm zahlreiche Forschungsreisen. Diese führten ihn vor allem in die Region rund um Südamerika. Als er die Galapagos-Inseln erforschte, entdeckte er Tiere und Pflanzen, die den Arten Südamerikas ähnelten, aber doch eigene Arten darstellten. Aufgrund geologischer Untersuchungen wusste Darwin, dass Südamerika schon lange vor den Galapagos-Inseln existiert hatte, da diese erst durch einen unterseeischen Vulkanausbruch entstanden waren. Südamerika war somit schon sehr viel früher mit Pflanzen und Tieren besiedelt. Darwin folgerte daraus, dass offensichtlich Lebewesen aus Südamerika auf die Inseln gelangten und sich dort vermehrten und weiterentwickelten. Damit war die Theorie der Artenkonstanz widerlegt.

1858 schickte Wallace Manuskripte von seinen Erkenntnissen über die natürliche Selektion an Darwin. Dieser war davon sehr beeindruckt. Er schickte die Aufzeichnungen weiter an Charles Lyell, mit dem er seit langem in Kontakt stand und der seine Meinung über die Evolutionstheorie teilte. Lyell war ebenso beeindruckt und veröffentlichte kurzerhand das Manuskript von Wallace, sowie Auszüge aus Darwins Schriften. Die Reaktion auf die Veröffentlichung war allerdings zunächst verhalten.

Die wahre Bedeutung der Inhalte wurde den Menschen erst bewusst als Darwin später im Jahr 1859 sein Hauptwerk „On the Origin of species by Means of Natural Selection" veröffentlichte.

---

[12] vgl. http://genetik-evolution.suite101.de/article.cfm/alfred_russel_wallace

Darin schilderte er die Deszendenztheorie. Diese beinhaltet die Aussage, dass alles Leben auf der Erde einen gemeinsamen Ursprung hat. Außerdem erklärt er darin die Selektionstheorie, die auch Theorie der natürlichen Zuchtwahl genannt wird. Jene beinhaltet drei Hauptaussagen, die auch heute noch von großer Bedeutung sind.

Der erste Punkt der Selektionstheorie ist die Überproduktion. Hier wird geschildert, dass sich obwohl Lebewesen ständig Nachkommen erzeugen, die Population kaum verändert. Dies begründet Darwin damit, dass jeder Lebensraum nur eine sehr begrenzte Anzahl von Ressourcen aufweist. Somit Reguliert die Natur den Artenbestand praktisch selbst.

Aus der Knappheit der Ressourcen folgert Darwin seine zweite These, die Selektion. Die Individuen, die am besten an die Umweltbedingungen angepasst sind überleben, da sie sich gegenüber den Anderen durchsetzen können. Diese überlegenen Individuen haben auch eine größere Fortpflanzungsrate. So vervollkommnen sich die Arten mit der Zeit immer mehr. Dieses Prinzip nannte Darwin Survival of the fittest.

Die dritte Aussage die Darwin in seinem Buch macht nennt sich Variation. Das heißt, jedes Individuum einer Art weist unterschiedliche Merkmale auf. Diese werden an die Nachkommen weitervererbt.[13]

All diese Erekenntnisse gewinnt Darwin durch die künstliche Zuchtwahl. Das heißt er züchtet selbst Pflanzen und Tiere und beobachtet deren Veränderung über die Generationen hinweg. Dieses Prinzip überträgt er dann auf die Natur.

Trotz der vielen Übereinstimmungen der Theorien von Lamarck und Darwin gibt es auch einen bedeutenden Unterschied. Während Lamarck davon ausging das im Laufe der Zeit erworbene Fähigkeiten an die Nachkommen vererbt werden, geht Darwin davon aus, dass Mutationen bei Lebewesen, die sich positiv auf dessen Leben auswirken, sich verstärkt vermehren. Am besten kann man dies an dem Beispiel der Entstehung der Giraffenhälse verdeutlichen. Laut Lamarck würde sich der Hals verlängern, da die Giraffe sich dauernd streckt um an die Blätter in den Baumkronen zu kommen. Dadurch wird der Hals in die Länge gezogen. Dieser etwas längere Hals wird von Generation zu Generation vererbt, sodass der Hals immer länger wird, bis das Erreichen der Blätter kein Problem mehr darstellt.

---

[13] vgl. W. Kleesattel, Evolution, S.21 f.
    R. Kleinert u. a., Biologie Oberstufe Evolution, S. 37 ff.
    http://de.wikipedia.org/wiki/Geschichte_der_Evolutionstheorie

Darwin hingegen würde die Entstehung durch eine zufällige Mutation erklären. Das heißt, es war zufällig ein Nachkomme unter den Giraffen, der einen längeren Hals besaß. Dadurch hatte diese Giraffe es leichter an Nahrung zu gelangen. Da sich diese Mutation als nützlich herausstellte vermehrte sich die langhalsige Giraffe, nach dem Prinzip der natürlichen Zuchtwahl verstärkt.

Die Entstehung des Giraffenhalses nach
den Vorstellungen von Lamarck
Die Entstehung des Giraffenhalses nach
den Vorstellungen von Darwin

Darwin war auch der erste Wissenschaftler der davon Ausging, der Mensch stamme vom Affen ab. Diese Aussage empörte zu dieser Zeit. Einige warfen Darwin vor er zerstöre die Einzigartigkeit des Menschen. Das lag auch daran, dass er den Mensch in seinen Forschungen auf eine Stufe mit den Tieren setzte. Er sprach ebenso von der „Rassen des Menschen"[14] wie er von Tierrassen sprach.

Trotz dieser kritischen Betrachtung war Darwin der bedeutendste Wissenschaftler im Bereich der Evolution, der einige, bis heute gültige Theorien aufstellte.

5. Gregor Mendel

Gregor Mendel (1822–1884) führte zahlreiche Experimente mit Erbsen durch. Er war sich sicher, es müsse einen Träger der Erbinformationen geben. Daher kreuzte Mendel

---

[14] Charles Darwin, Die Abstammung des Menschen, S. 185

verschiedene Sorten von Erbsen miteinander und stellte nach zahlreichen Kreuzungsversuchen drei Regeln auf.[15]

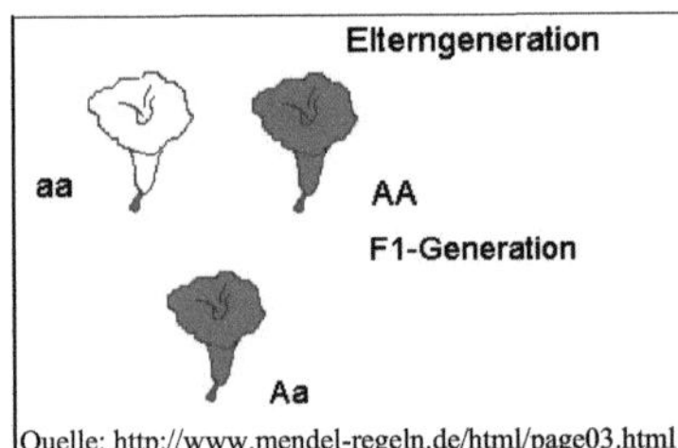

Quelle: http://www.mendel-regeln.de/html/page03.html

Die Uniformitätsregel besagt, dass wenn man zwei reinerbige Individuen, die sich nur in einem Merkmal unterscheiden kreuzt, die mischerbigen Nachkommen alle gleich sind.

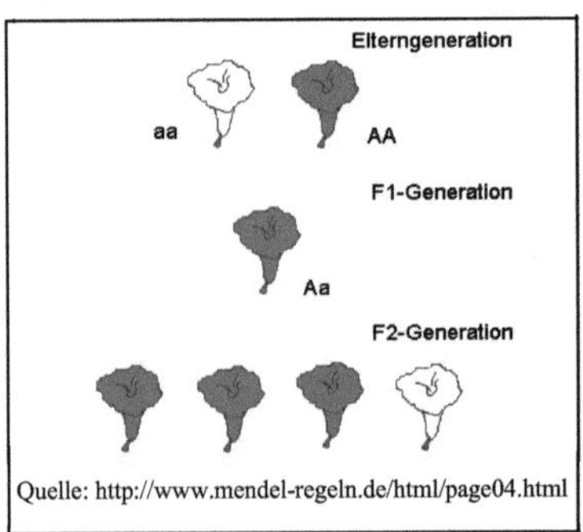

Quelle: http://www.mendel-regeln.de/html/page04.html

Das Spaltungsgesetz beinhaltet, dass die Nachkommen einer Kreuzung von mischerbigen Individuen nicht mehr gleich sind. Sie unterscheiden sich in ihrem äußeren Erscheinungsbild. Dies kann in einem Zahlenverhältnis, je nach Art des Erbgangs angegeben werden.

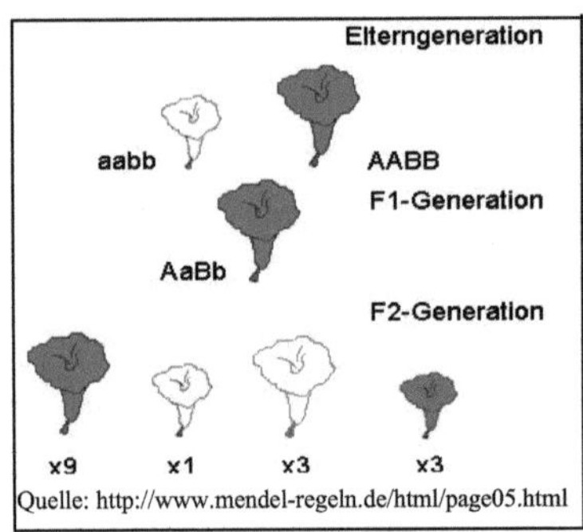

Quelle: http://www.mendel-regeln.de/html/page05.html

Die Neukombinationsregel besagt, dass bei der Kreuzung von Individuen mit verschiedenen Merkmalen, die Gene frei kombiniert werden. Diese Erbanlagen können sich neu kombinieren.

1869 veröffentlichte er ein Buch mit seinen Entdeckungen, dies blieb aber weitestgehend unbemerkt von der Öffentlichkeit.

---

[15] vgl. http://www.blog.de/tb/a/r/geschichte/gregor-mendel-pionier-biologie-evolution/4962065/

VII. Moderne Evolutionstheorien

Im zwanzigsten Jahrhundert stand Darwins Theorie stark in der Kritik. Zahlreiche Wissenschaftler stellten Theorien auf, die gegen Darwins Annahme von der natürlichen Selektion sprachen.

1. August Weismann

Der Biologe August Weismann (1834-1914) distanzierte sich von den Vorstellungen Lamarcks und teilweise auch Darwins, dass Eigenschaften vererbt werden könnten. Er entwickelte 1885 die Keimbahntheorie, die das ausschloss. Nach dieser Theorie verläuft die Entwicklung der Keimzellen, deren Keimplasma die gesamte Erbsubstanz enthält, getrennt von den Körperzellen. Daher können äußere Einflüsse, die auf den Körper einwirken, keine Auswirkungen auf die Keimzellen haben. Weismann legte mit der Keimbahntheorie die Grundlage für viele weitere Forschungen.[16]

2. Hugo de Vries

Hugo de Vries (1848-1935) ein niederländischer Botaniker entdeckte 1900 die bis dato kaum beachteten Vererbungsregeln die Mendel bereits Jahre zu vor veröffentlicht hatte. Kurz zuvor war er zu ähnlichen Ergebnissen gekommen, als er Nachtkerzen miteinander kreuzte. Auf der Grundlage der mendelschen Regeln stellte er die Mutationstheorie auf. De Vries geht davon aus, dass eine neue Art nicht wie bei Darwins Theorie langsam durch natürliche Selektion gebildet wird, sondern durch sprunghafte, erbliche Veränderungen, so genannte Mutationen.[17]

3. Thomas Hunt Morgan

Thomas Hunt Morgan (1866-1945) gilt als Begründer der Genetik. Er forschte auf der Basis der Vererbungsregeln von Mendel mit Taufliegen. Morgan fand bei den Kreuzungsversuchen heraus, dass sich die Gene auf den Chromosomen befinden. Er

---

[16] vgl. R. Kleinert u. a., Biologie Oberstufe Evolution, S. 43
[17] vgl. http://www.tparents.org/library/unification/Books/EvolTheo/EvolTheo-01.htm

untersuchte diese weiter und konnte so eine erste Struktur der Chromosomen aufzeigen. Morgan hielt seine Forschungsergebnisse in der ersten Chromosomenkarte überhaupt fest. [18]

3. James Watson und Francis Crick

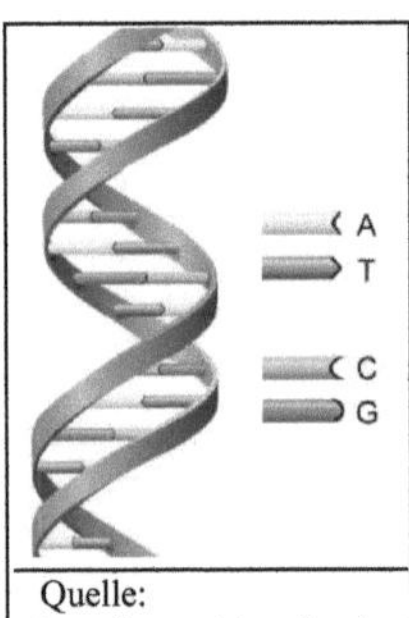

Quelle:
http://www.biotechnol
ogyonline.gov.au/imag
es/contentpages/helix.j

James Watson und Francis Crick lernten sich 1951 in der Cambridge Universität kennen, wo sie studierten. Beide hatten das Ziel die Struktur der DNA zu entschlüsseln. Dies gelang den zwei Studenten schließlich auch. Ohne ein einziges Experiment, nur durch Verknüpfung bekannter Teilergebnisse. So fanden sie heraus, dass sich immer zwei Basen gegenüberliegen. Adenin und Thymin, sowie Guanin und Cytosin. Um die äußere Struktur zu entschlüsseln griffen Watson und Crick auf eine Röntgenstrukturanalyse der Physikerin Rosalind Franklin zurück aus der sie die endgültige Struktur der Desoxyribonukleinsäure schließlich herauslesen konnten. Ihre Entdeckung veröffentlichten sie schließlich 1953 in einer Wissenschaftszeitschrift. [19]

4. Ernst Mayr

Ernst Mayr (1904-2005) gilt als einer der Mitbegründer der Synthetischen Evolutionstheorie. Diese Theorie verknüpft Elemente von Darwins mit den Erkenntnissen aus der Vererbungslehre und besagt, dass Evolution durch zufällige Mutationen und Rekombinationen im Genpool erfolgt. Die synthetische Theorie unterscheidet fünf verschiedene Faktoren die zu einer Veränderung des Genpools führen.

Der erste Faktor ist die Rekombination der Gene. Basis dafür ist die dritte Mendelsche Regel. Rekombination ist demnach ein Chromosomenstückaustausch und eine

---

[18] vgl. R. Klinger, Die wichtigen Biologen, S. 106 ff.
   http://www.wissenslogs.de/wblogs/blog/die-sankore-schriften/wissenschaftsgeschichte/2010
   0513/tho1mas-hunt-morgan-der-herr-der-fliegen
[19] vgl. R. Klinger, Die wichtigen Biologen, S. 167 ff.
   http://www.wdr.de/tv/quarks/sendungsbeitraege/2003/0325/003_erbsubstanz.jsp

Neukombination der genetischen Informationen und findet bei der sexuellen Fortpflanzung, beziehungsweise der Meiose statt.

Mutation bedeutet eine sprunghaft und zufällig auftretende Veränderung der Erbinformationen. Dadurch wird die Qualität des Genpools verändert.

Durch die Rekombination und die Mutation muss eine Selektion, auch genannt natürliche Auslese stattfinden. Das bedeutet die Individuen einer Population die besser an die Umweltbedingungen angepasst sind bessere Überlebenschancen haben und auch größere Erfolge bei der Fortpflanzung erzielen. Die weniger tauglichen Individuen werden benachteiligt und sterben somit aus.

Der vierte Faktor ist die Isolation. Die verschiedenen Individuen einer Art können sich nicht mehr Fortpflanzen. Damit wird ein Genaustausch unterbunden, was zu der Entstehung neuer Arten führt. Es gibt verschiedene Arten der Isolation. Beispielsweise die geografische Isolation, wie sie Darwin auf den Galapagos-Inseln beobachtete. Das heißt die Verbindung zwischen einem Teil der Population und dem Anderen geht verloren, wie zum Beispiel die Darwinfinken die zum Teil auf die Inseln übersiedelten. In ihrem jeweiligen Lebensraum entwickeln sich die Gruppen dann entsprechend der dort vorherrschenden Umweltbedingungen und verändern sich dadurch so unterschiedlich, dass eine Fortpflanzung nicht mehr möglich ist. Es sind zwei unterschiedliche Arten entstanden.

Gendrift bedeutet, dass sich die Population der Allele zufällig, z. B. aufgrund von Umwelteinflüssen verändert.

Die Synthetische Evolutionstheorie gilt noch heute als richtig. Sie wird ständig durch neu gewonnene Erkenntnisse erweitert.[20]

C. Zusammenfassung und Reflektion

Die Menschen machten sich schon immer Gedanken über die Entstehung der Welt samt allen Lebewesen. Bis hin zum Mittelalter philosophierte man wie die Evolution von statten gegangen sein könnte oder man glaubte an einen allmächtige Götter der die Erde erschaffen haben sollten. Wissenschaftliche Ansätze gab es damals allerdings noch kaum. Erst als die Kirche an Einfluss verlor forschte man immer mehr und die ersten

---

[20] vgl. E. Mayr, Das ist Evolution, S. 147 ff.
     R. Klinger, Die wichtigen Biologen, S. 139 ff.
     http://www.scheffel.og.bw.schule.de/faecher/science/biologie/evolution/8synthevo/syntheorie.htm

Evolutionstheorien waren in Ansätzen bereits zu erkennen. Im neunzehnten Jahrhundert keimen schließlich, beispielsweise mit der Veröffentlichung von Darwins Hauptwerk ganz neue Erkenntnisse auf, die nicht nur gut ankommen. Nachdem man anfangs versuchte die Theorie von Darwin zu widerlegen, verknüpft Ernst Mayr dessen Evolutionstheorie letztlich mit dem im zwanzigsten Jahrhundert gewonnenen Wissen in der Genetik. Noch bis heute gilt die Synthetische Evolutionstheorie als richtig, auch wenn stets neue Erkenntnisse, vor allem im Bereich der Vererbung gewonnen werden. Trotz der Fortschritte, die die Wissenschaft, mit sich bringt sollte man allerdings aufpassen, dass der Mensch nicht anfängt Gott zu spielen. Denn wie schon der chinesische Philosoph Laotse dreihundert Jahre vor Christus sagte:

„Das Universum ist vollkommen. Es kann nicht verbessert werden. Wer es verändern will, verdirbt es. Wer es besitzen will, verliert es."

Literaturverzeichnis

Bücher:

Christner, Jürgen, Abiturwissen Evolution, Stuttgart, 1997

Darwin, Charles, Die Abstammung des Menschen, Ulm 2. Auflage 1992.

Dr. Döring, Ute, Evolution, Hannover, 1999

Ferber Rafael, Platon, München, 1995.

Fischer, Ernst, Das große Buch der Evolution, Köln 2008.

Hoff, Peter/Miriam, Wolfgang/Paul, Andreas, Evolution, Hannover 1999.

Kleesattel, Walter, Evolution, Berlin 2002.

Klinger, Ralf, Die wichtigen Biologen, Wiesbaden 2008.

Kleinert, Reiner/Ruppert Wolfgang/Stratil Franz, Biologie Oberstufe Evolution, München 1997.

Mayr, Ernst, Das ist Evolution, München 2003.

Nestle, Wilhelm, Aristoteles Hauptwerke, Stuttgart 1977.

Offenberger, Monika, Von Nautilus und Sapiens, München 1999.

Wuketits, Franz, Darwin und der Darwinismus, München, 2005

Internetquellen:

http://www.bibel-online.net/buch/01.1-mose/1.html

http://www.biologie.uni-hamburg.de/b-online/d36/36a.htm

http://www.bio.vobs.at/index-e.html

http://www.blog.de/tb/a/r/geschichte/gregor-mendel-pionier-biologie-evolution/4962065/ http://www.mendel-regeln.de/html/page05.html

http://genetik-evolution.suite101.de/article.cfm/alfred_russel_wallace

www.iol.ie/~spice/alfred.htm

http://www.scheffel.og.bw.schule.de/faecher/science/biologie/evolution/8synthevo/syntheorie.htm

"""

http://www.scioli.com/evolhist.html

http://www.textlog.de/25176.html

http://www.tparents.org/library/unification/Books/EvolTheo/EvolTheo-01.htm

http://www.wdr.de/tv/quarks/sendungsbeitraege/2003/0325/003_erbsubstanz.jsp

http://de.wikipedia.org/wiki/Alfred_Russel_Wallace#Evolutionstheorie

http://de.wikipedia.org/wiki/Geschichte_der_Evolutionstheorie#Jean-Baptiste_de_Lamarck_.281744.E2.80.931829.29

http://www.wissenschaft-online.de/abo/lexikon/bio/1815

http://www.wissenslogs.de/wblogs/blog/die-sankore-schriften/wissenschaftsgeschichte/2010-05-13/thomas-hunt-morgan-der-herr-der-fliegen

http://www.zeno.org/Philosophie/M/Darwin,+Charles/%C3%9Cber+die+Entstehung+der+Arten